猫奴生活日常

——从初见到告别的纪念册

猫奴 著绘

天津出版传媒集团

天津科学技术出版社

推荐序

两年前，我如常过着"天下猫咪一样猫"版主的生活，每天看帖子、审核帖子、处理投诉。某天，我无意间发现一位网友的猫回了"喵星"，但他与其他"猫友"不同，没有把猫咪遗照发到网上，反而画下他们两口子和猫咪的日常。我记得这个帖子有几千个点赞，对此印象非常深刻。

自此之后，他一直在"天下猫咪一样猫"群组内发布他的作品《猫奴生活日常》。这些四格漫画的独特之处在于全无对白，而资深"猫奴"却能完全明白。我们与猫的关系本来就是无对白的，沟通就是靠心领神会。而他两年来不断发布作品，外人看来可能都是些关于猫咪的小事，但对猫奴而言，全都是让人会心一笑的趣事，因为所有作品都包含了猫与爱。通过他的作品，我可以看出他对猫的观察十分细致，好比陈年佳酿般醇厚。无十年以上的爱猫功力，绝不可能如此透彻地描绘出猫的特质。

《猫奴生活日常——从初见到告别的纪念册》绝对是进阶猫奴值得一读的作品，喜欢放空和深思的猫友也应该拥有一本，用来细细品味与猫咪在一起的生活。

"天下猫咪一样猫"社交群组版主

自序

　　你好，我是猫奴，亦是《猫奴生活日常》的作者。我之所以成了猫奴，某种程度上受日本动漫的影响，尤其是儿时所看的动漫。动漫中的故事，令我十分憧憬和猫相处的日子。

　　你会拿起此书，应该也是猫迷或对猫咪感兴趣吧。对猫奴而言，与"主子"的相处模式，甚至是与亲人的相处都无法比拟的。试想，你会与父母、子女每天相拥、同睡、亲吻、无所不谈维持十数年吗？檬檬、茶茶于我便是如此。对我而言，与它们相处是最佳的心灵治疗，可由此寻回人类心底最天真无邪的一面。以此关系维持一生，岂不快哉？

　　《猫奴生活日常》的出现，主要因为与我一起生活十六年的主子檬檬不幸患了癌症，其间我因为想陪伴它走最后一段路而放弃工作，可惜檬檬比预期的更早离开。而茶茶的年纪又与檬檬相若，为了多点时间陪伴茶茶，我便开始建立专栏，以四格漫画记录我和两猫生活的趣事。

　　此书会由领养、相处至别离，记录这十数年间的种种回忆，分享从中所得所失，让大家知道宠物等同家人，无分品种。希望还未有主子的你会喜欢，有主子为伴的你有共鸣，失去主子的你会感动。支持领养，不购买，不弃养。

猫奴

人物介绍

猫奴

内向、慢热、安静，喜欢做白日梦，从小就喜欢小动物、动漫、武术，去哪里都会先留意有没有猫，是一名忠诚的猫奴。

檬檬

猫奴领养的第一只猫咪，为虎纹猫，毛发呈墨绿色，雄性，体型健壮，贪吃，胆小，怕生人，但有礼貌，性情温顺。

茶茶

　　猫奴领养的第二只猫咪，为三色猫，雌性，体型娇小，好奇心重，贪玩，以捉弄檬檬为己任，同时又是令檬檬变得成熟的小妹妹。

猫妈

　　因为结识猫奴而成为"猫奴"，喜欢兔子，但面对檬檬、茶茶会彻底丧失抵抗力，是茶茶的"专属座椅"，异常妒忌猫奴被茶茶偏爱。

目录

Chapter 1

准猫奴养成

Chapter 2

一起回家去

Chapter 3

静好的时光

Chapter 4

再见，檬檬

Chapter

1

准猫奴养成

厨房

记忆中，我第一次接触猫，并对猫有印象，应该是在童年旧居的厨房。那是只咖啡色虎斑白身的猫，它的名字和性别我都忘记了。当年的家猫没有现在这么高的生活水平，它们就像是受雇职员，只为工作而存在，食物便是薪酬。为了避免它乱跑，家人把绳子系在它的颈上，再把绳子的另一端挂在墙上，使它待在厨房门后的角落，防止老鼠、蟑螂等出现。每晚婆婆也会给它喂食，那个小小的厨房就是它一生的生活空间。年幼的我每次经过厨房，闻到阵阵鱼香，都会靠着门边，探头偷看猫咪进食的样子。它享受食物时总是闭起双目，仿佛带着微笑。由于当时年幼，家人都不容许我触碰猫咪，所以我只能和它保持一定的距离。我常会在没人注意时偷偷进厨房看它、摸它，这只被我称作"喵"的猫正是埋在我心中的第一粒种子。

喵！大家记得第一次和猫接触是什么时候吗？

布偶

即使未能在小时候成为猫奴，我身边也总离不开猫咪。我的第一个布偶，就是当年由妈妈亲手制作的小猫布偶。妈妈用布和棉花为我缝制了一只猫，打算给我作抱枕。小猫是一只端正坐着的小黄猫，陪伴童年的我进行了无数次幻想世界的冒险之旅。

小时候，我会一手持着玩具剑，一手拖着小黄猫，打倒不同的"坏蛋"；直至某一天，可能因为与我经历了太多的冒险，小黄猫变得残破不堪，于是妈妈把它丢掉了。虽然小黄猫布偶从我身边消失了，但我对猫咪的热情却从未减退。

感激童年时的猫布偶，为我带来幻想与回忆。

动漫

猫是动漫里的常客。试问有哪个小朋友不喜欢动漫呢？我小时候也是一位实实在在的"动漫迷"，整个童年都沉醉在日本动漫之中，《哆啦A梦》《忍者服部君》《猫怪麦克》和《龙猫》等，真是数不胜数，差不多所有与猫有关的动漫都能提起我的兴趣。众多动漫里，《猫怪麦克》最能激发我养猫的冲动。动漫播出时我正上初中，那时哥哥会带我到他同学家中玩电子游戏，哥哥的同学正正有只如动漫中麦克一样的猫，而且它也叫麦克，自此我便开始有机会跟真实的猫咪接触。我小时候身边没有养猫的亲戚朋友，这算是懂事后我接触的首只家猫。记忆中它不怕人，爱睡觉，但有点孤僻，每次走近它，它都会微微睁开双眼打量你，确认你没敌意后，又会倒头再睡。睡醒后会大摇大摆如皇帝出巡般漠视我们，走向用膳的地方，吃饱就找个地方坐下。它总是摆出一副高高在上的姿态，显得高傲自大，给少年的我留下了很深的印象。

又有哪部动漫里的猫角色令童年的你印象深刻呢？

公园

我小时候由于个子矮小，所以性格比较内向，不善于交际。初中时，我常常在午休时独自到学校附近的公园吃饭、发呆。有一天，公园来了两名不速之客，鬼鬼祟祟躲在草丛之中，我走过去一看，原来是两只小花猫。它们好奇心旺盛，偶尔会从草丛间探头出来观察，被发现后又会迅速消失。就这样，我每天的午饭时间有了观察对象。它们并不是每天都出现，但过了数天已开始鼓起勇气，离开安全范围。我亦尝试与它们分享午餐，用水涮去肉片多余的调味，放在草丛边看它们的反应。经过数天相处，我们之间的距离渐渐缩短，从三米、两米、一米，到一起坐在长凳上发呆。遇见它们成了我每天最期待的事情。但这种关系只维持了数周，之后它们再没出现，我也开始和相熟的同学用餐。直到有一天我们到一家面馆吃饭，突然有东西在我脚边蹭来蹭去，原来是它们……

与猫的相遇，总能为生活带来惊喜与温暖。

同学

或许是"吸引力法则"使然，自从在公园遇上猫后，我就开始遇到越来越多的猫，例如咪咪——一只放养的家猫。它是我中学同学的爱宠，一只混种安哥拉猫。每次见到我，它都总是摆出一脸瞧不起人的样子。当我在同学家中玩时，它总是神出鬼没，或忽然从窗外跳进来，或不知不觉跑上街，不知它看到其他猫咪有何反应，会不会也是这样爱搭不理呢？它不算太抗拒我，但每次我逗它玩时总是被它冷待。有趣的是，当我想离开时，它又会抓住我的裤子，难道是不想让我走吗？

主子的心意真的很难琢磨啊！

同事

我长大后，与猫咪的缘分也一直持续。我的上一份工作是游戏美术设计师，刚入职时，我就得知部门同事大多数都是猫奴，部门主管更是刚收养了两只小流浪猫。在那工作的日子里，同事们经常和我说起有关猫咪的不同故事，还分享他们的养猫经验。因为我本身已是猫迷，在同事的潜移默化之下，自然对与猫咪一起生活产生了憧憬，渴望能成为猫奴的一分子，并在那时开始认真思考养猫的可能性。可以说，这家公司是我成为猫奴的一个转折点。

当猫迷的日子虽然漫长，但缘分到了，自然就会变成猫奴。

猫奴心得
如何与流浪猫相处

相信各位猫友都有在街上遇见猫咪的经历吧。与它们相处前，有些事是需要知道的。

店铺猫

接触人群较多，即便人来人往，也能保持冷静，普遍佩戴有标识性饰物，亲人，较易接触，活动范围以店铺为中心。未经店主同意，不应随意喂食，如于店铺内逗猫咪玩或给猫拍照，应征求店主同意。

放养家猫

较常出现于村庄或老式小区的低层建筑附近。家猫外出多为散步，普遍佩戴有标识性饰物，不随便与陌生人接触，喜欢独自行动，除非已有结识的同伴。

流浪猫

主要是野生猫咪或被弃养的猫。野生猫比较独立，不亲近人，被骚扰时有攻击性，会逃走。被弃养的猫较易与人相处，但欠缺觅食和自理能力，与它们相处需要耐心、爱心、包容心。

我并非义工，但每晚都会到家附近看望流浪猫。所幸街坊们对流浪猫也算包容。其实有猫咪的街道鼠患相对也会减少。

Chapter

2

一起回家去

初见

决定养猫之后，我便开始在网上搜寻有关养猫的信息。我发现一个流浪动物保护组织正举办领养活动，便和妹妹前去探访。而与主子的第一次相遇，便始于那次活动。当时有很多待领养的猫咪，但我却对它一见钟情，那时刚好有其他人也对它有兴趣，我们就一同观察它的动静。可是这只猫咪更亲近我，十几分钟后，义工见我与它相处融洽，便建议我领养它。我当然非常乐意，最后我和妹妹便决定把它带回家，作为我们家中的一员。它也从此变成了我的主子。

它，就是这本书的主角——檬檬。

准备

为了迎接檬檬，我们做了许多准备。由于初见檬檬时它还不足两个月，尚未断奶，我们也没有照顾幼猫的经验，因此义工建议我们等檬檬两个月大断奶后再把它接回家。其间我们听从义工建议，开始准备不同的物资，包括食物、器皿、猫砂盆、猫笼及窗网等必需品，当然还有猫包。

这些物品的采购以及对家居布置的改动，都是我成为猫迷起便期待做的事。这期间我不断学习如何做一个称职的猫奴，一切准备就绪后，便等待"迎猫日"的到来了。

猫奴生涯即将开始啦！

迎接

2004 年 7 月 10 日，是一个重要的日子，我们怀着忐忑不安的心情，迎接人生中第一位主子——檬檬的到来。等了差不多两周，终于又可以相见了。它还会如初见一样亲近我吗？会和我玩吗？会坐在我的腿上吗？会记得我吗？

结果是——

"你是谁？喵！"

只相处过十几分钟，别妄想自己能在猫咪心中留下深刻印象，更何况已相隔两周。感情是需要时间培养的。义工交代我们一些照顾猫咪的要点后，和我们正式完成交接。檬檬从此成为我们家的一员了。

初见时的热情，难道只是诱骗我的手段？

探索

檬檬到家的第一天，为了让它适应环境，我们让它住进以布覆盖的猫笼，使它先通过气味和声音适应新居，不用它接收太多外界信息。同时，先让它在笼内习惯使用新食具和猫砂盆，日后再根据情况慢慢让它出来活动，尽量不让它感到有压力。不过檬檬好奇心旺盛，第一天已经主动出来探险，巡视领土，没有一丝恐惧。第二天更是四处奔走，横冲直撞，玩个不停。我们当然高兴它很快就适应了新的家。只不过檬檬那时还未发现，家里有位比它年长的朋友。

幼猫一般精力旺盛，即使初来乍到，也无畏无惧。

小仓鼠

前文提到的家中年长的朋友，是一只小仓鼠。檬檬刚到家时，那只小仓鼠已经三岁了，我们叫它"肥肥鼠"。檬檬来到我们家的时候，应该也是第一次接触仓鼠，不过当然不是直接触碰，它们会隔着一个仓鼠跑球进行交流。每次檬檬想靠近肥肥鼠，肥肥鼠就会在球内拔足狂奔，反追檬檬。它俩"互相追逐"的画面十分有趣，我至今记忆犹新，可惜肥肥鼠终究不敌时间，未能与檬檬一同成长……再见了，肥肥鼠。

不同的主子，总会带给我们不同的回忆。

检查

过了不久，我带檬檬到附近的宠物医院做检查，看看身体状况如何。把活泼好动的檬檬放进猫包有一定难度，我们经过一番苦战，好不容易才把檬檬抱进包中，然后来到附近的宠物医院。其间檬檬一直叫，难道是以为我们要遗弃它吗？真是一个傻孩子。

求救声持续不断，直到进入宠物医院才停下来。我们先做登记，等待医生问诊、量体温、检查牙齿及眼睛，再打疫苗及喂驱虫药。檬檬比预期的还要健康，是位强壮的主子。勇敢的檬檬在回程途中没有再大呼小叫，我们顺利回了家。

每次把猫咪放进猫包，都是猫奴对主子"权威"的挑战。

喂食

为了和檬檬建立更好的关系，除了玩游戏外，喂食也是重要的一环。檬檬的主食是干猫粮，平时它的食盆总是满满的。但为了培养感情，我经常会拿几粒猫粮，以掌心作器皿，让檬檬吃手掌上的食物，令它对我的气味产生印象，借此知道我是可依靠和值得信赖的对象。而每当檬檬吃我掌心的猫粮时，我都会有一种痒痒的感觉，仿佛它在舔我的手。这些互动总能让我与檬檬变得更亲密。

为了讨取主子的欢心，猫奴确实无所不用其极。

手

大概每位主子身边总有个怪猫奴，我自认也是其中一员。檬檬的第一件玩具，就是我的手。起初侍奉檬檬时，我完全不懂它会如何处理猎物，直到有一次，它突然扑向我的手，紧紧抱住并不断蹬腿（猫奴界又称之为"兔子蹬"），状甚可爱。自此我便经常以手扮蜘蛛和檬檬玩。但檬檬日渐长大，咬合力和四肢的力量也不断提升，在我身上留下的牙齿印和抓痕愈发明显。我慢慢发觉不能让檬檬养成扑人的习惯，于是四处为檬檬寻找其他玩具，纸球、逗猫棒等都尝试过，但始终未能取代我的手。

把自己的手给主子作玩具，可能是不少猫奴的回忆。

气味

猫咪绝对是一种非常爱干净的动物，一天到晚除睡觉以外，大部分时间都在梳理自己的毛发，直到将其整理得井井有条。只要生活环境清洁舒适，猫咪就能保持干净，所以从猫咪身上散发的，就是每只猫咪自己独有的体香。有人形容猫咪的体味是阳光的气味，也有人说是棉被味，不知猫奴们能否借着体香分辨不同的猫咪呢？即使不能凭气味认出主子，猫咪的气味对猫奴也有纾缓情绪及精神疗愈的作用，难怪近年猫奴间兴起一股"吸猫"风潮。

主子的气味，除了用来辨识身份，还安抚了猫奴的情绪。

纸球

　　幼年时期的猫咪有着旺盛的精力，加上檬檬本身好动，为了满足它的运动量，我常常设法为它寻找玩具，除了购买，也会自己制作。

　　猫咪对声音与速度特别敏感，我曾突发奇想将废纸搓成纸球弹出，让檬檬追扑，还尝试制作数种大小、紧实程度不同的纸球做测试，看看檬檬有什么反应。最后我发现较紧实，形状较小，弹出时速度较快的纸球才能吸引檬檬。自此，纸球便成了檬檬喜爱的玩具之一。

简单的素材，只要愿意花心·思钻研，就能变成主子喜爱的玩具。

绝育

六个月大的檬檬，已经到了可以绝育的时候。虽然我觉得绝育有些残忍，但从网友到兽医，都说绝育是为宠物的健康着想，还能减少流浪猫的数量。我们领养檬檬时亦应承过义工会为它绝育，于是再一次到宠物医院，为檬檬进行绝育手术。所幸手术非常顺利，术后医生给檬檬套了一个防护颈圈，避免檬檬舔舐伤口，并叮嘱我们十天后才可摘掉。我们看着檬檬从麻醉中恢复后步履不稳又不知所措的模样，颇感有趣，但也难免心疼，檬檬加油！

绝育的痛，真是伤在猫身，痛在奴心·啊！

同伴

不知不觉与檬檬已相处了四个多月，我已经掌握照顾猫咪的基础知识，但由于我们需要工作，所以檬檬常常自己在家。考虑到活泼好动的它在我们外出工作时容易感到孤独，所以我们接回了另一位新成员——茶茶。茶茶也是领养的，当时它非常幼小、瘦弱，还处于猫泛白细胞减少症（俗称"猫瘟"）的康复阶段。但第一次看到它，我就觉得很亲切，所以便不作他选，让茶茶加入我们，成为檬檬的妹妹，这也代表我又多了一位主子要服侍。

猫和人之间的缘分，总是难以理解。

治疗

茶茶刚来时，天气已经转凉。由于它曾患过猫瘟，身体较弱，因此我们特别紧张，幸好茶茶到来前已完成药物疗程，到家后只要让它慢慢康复就好。其间我们不敢松懈，除了把它放在笼内饲养，还用布盖着猫笼，也不能让它接触檬檬；而我外出工作时，茶茶就由猫妈帮忙照顾。她会把发热贴藏于被内作床垫，再用小被轻轻包着茶茶。这令好奇的檬檬满腹疑惑：这个不是我之前住过的房子吗？到底是谁躲在里面？

尚未痊愈的茶茶，需要的照料比檬檬当时需要的多得多。

隔幕

　　檬檬与茶茶正式接触前，为减少它们因陌生而产生的争执，所以只让它们隔着猫笼和布，透过气味与声音逐渐认识对方，如此也可防止它们大打出手。起初檬檬只是偷偷靠近笼边，感觉到茶茶时，会不时发出低叫声；而茶茶则会瑟缩于笼角。但过了不足半天，它们就开始在笼边交流，隔着布接触，有时拍打，有时轻轻碰触。檬檬渐渐接受了茶茶的出现，感受到家中有新成员加入了。看来已到了让它们正式见面的时候。

透过气味与声音，猫咪之间还是可以好好沟通的。

相见

终于到了檬檬和茶茶见面的日子。在给檬檬注射了疫苗后，我们便准备让两猫接触。笼门徐徐打开，茶茶只在笼内向外观察，我就在门外轻轻拍手引起它的注意。它开始慢慢步出笼外，檬檬则静静躲在我脚边偷看。茶茶发现檬檬时先是躲于一角，不过可能它对檬檬的气味有少许印象，便慢慢放下戒心再次步出。檬檬上前迎接，它终于见到这个一直住在笼内的妹妹了！檬檬和茶茶的兄妹生活正式开始。

有了茶茶，我便不担心·檬檬会寂寞了。

转变

听说猫与猫之间的相处，会随时间的增长而有所改变。茶茶和檬檬相处不久后，不知是因为入住时间、性别、年龄不同还是其他原因，檬檬突然间好像成熟了不少，真的有了大哥哥的风范。它再没有用我的手磨牙练爪，茶茶在场时也不再玩玩具（在装酷吗？）。虽然与茶茶时有争吵，但不论食物还是玩具，檬檬总是先让给茶茶，俨然成了茶茶的大哥哥，甚至对待我也不再像小霸王般，反而像是要给茶茶做一个良好的榜样。不过，"檬茶兄妹"合作捣蛋的情况也不少啊。

莫非檬檬看见娇小·的茶茶，也涌起了强烈的保护欲吗？

登高

有人说猫咪的跳跃能力强，因此常常会在高处跳来跳去，留下气味，开拓更广阔的领土。我家中的最高位置是电视机柜顶，在那里可以俯瞰客厅的每一个角落。贪玩的檬檬很喜欢跳上去，高高在上地俯视我的一举一动，也会在那里睡懒觉和玩耍。妹妹茶茶也非省油的灯，偶尔也会抢先霸占那位置，无奈那里的空间只够容纳一只猫咪，檬檬见状，便会用它的大屁股强行挤走茶茶。由于体型的差距，茶茶每次都战败而回，跑来向我诉苦。

任猫咪再可爱，它们的世界里还是有阶级与力量的角逐。

捕猎

与檬檬、茶茶玩逗猫棒，并非不停地挥动就一定能吸引它们。它们会随着成长而嫌弃太单一的玩法，任你再挥舞，也只会换来它们的冷待，尤其是活泼的檬檬。为了让檬茶兄妹玩得尽兴，我从不敢怠慢。除了要了解它们，充分利用猫咪的捕猎本能，逗它们玩耍时更要随机应变。我通常会把逗猫棒弄得若隐若现，激发它们的好奇心，例如先把逗猫棒在檬檬视线范围内展示，再快速隐藏，这能引起它的注意，刺激它追捕，而在此过程中，我的运动量也大大提高。

要延长每样猫玩具的"寿命"，玩的时候就要花点心思了。

碰碰车

常常有人在网上制作搞笑视频，将超人打怪兽的情节换上猫咪演出，这令我不禁联想，如果有一日檬檬、茶茶变成了大怪兽，这个世界会怎样呢——

"有一天，我开着一辆小型汽车，发现了檬檬、茶茶这一对大怪兽，更不幸地成了它们的追击目标。我在路上左闪右避，渴望能逃出猫掌，结果车翻了，我在车中被不停拨拉，就如平常被檬茶兄妹折磨的玩具一样。不行了，我也成为'猫斯拉'的玩具了……"

不用变成怪兽，主子也能每天折磨猫奴。

纸箱

不少猫咪喜欢以狭窄的空间作休息场所，可能这样会比较有安全感，因此纸箱这东西对檬檬和茶茶来说有着莫名其妙的吸引力。每次发现有空置纸箱，它们都会钻入，即使身体明明比纸箱大很多，它们仍然会努力挤入其中，成功后还会摆出一副从容的模样，一直待在箱中，有时还会把可怜的纸箱给挤破。假若被占据的纸箱受到侵扰，檬檬和茶茶就会反击，我如果要伸手试探，必然又会受到教训。

只要主子钻进纸箱躺下，那里即成为它们的地盘。

塑料袋

我虽然已习惯使用布袋购物，但偶尔也会接触到一些塑料袋。别小看这些塑料袋，它们可是檬檬和茶茶的玩具，不但要大量提供给它们，而且还要有不同大小、颜色供它们选择。它们喜欢躲藏于薄薄的袋中，通过朦胧的影像观察袋外，透过"沙啦沙啦"的声音辨别"猎物"的位置，时而飞扑，时而隐藏，经常玩到前滚后翻。明明就只是塑料袋，在它们眼中却可幻化成很多不同的猎物，还能与之来一番搏斗。一件不用刻意买的玩具，足以让主子玩上半天，更开拓了塑料袋更广阔的用途，真是一举两得。

看着这对傻乎乎的宝贝，足以令人忘却一切烦忧。

厕纸

根据檬檬、茶茶的"忆述"，家中曾经发生过一次离奇古怪的事故。据说，不知从何处爬出来一条长长的"厕纸怪"，檬檬和茶茶发现后，为了保卫家园，便和厕纸怪搏斗一番，最后两位主子成功制伏厕纸怪。我回家后，只见到不能说话的"怪物"，长长地从厕所横躺到客厅，在地上一动不动，周围还散落了厕纸怪其他支离破碎的"残骸"。檬檬、茶茶还在休息，像是经历过一场冒险般，此后才将事发经过"娓娓道来"。我心里唯有深深感激檬檬、茶茶为家庭奋不顾身的付出。

以上就是檬檬、茶茶被发现捣蛋时的解释……
一定是这样，除非不是。

共处

时日渐长，檬檬、茶茶慢慢开始适应对方，互动也越来越亲密。睡觉对猫咪来说十分重要，所以檬茶兄妹不时会黏在一起睡觉。茶茶喜欢枕着檬檬的后腿，因为檬檬长得比较胖，肉也结实，是只大宝宝，作为枕头有非常好的承托力。茶茶虽然好动，但毛发和肌肉都软软的，是个身型娇小的女孩子，所以檬檬哥哥并不介意被茶茶妹妹当作枕头，两猫这样子可以睡上一个下午。檬茶兄妹如此相亲相爱，足以证明没有血缘的亲情亦是存在的。

其实我与檬茶兄妹的相处，又何尝不是见证了人与猫的亲情呢？

猫奴养成须知

由猫迷变成猫奴，除了要看时机，现实与心理的条件也要满足，以下是我作为猫奴的体会。

爱心

和小动物相处要有爱心，必须承诺照顾它一生，不离不弃。

时间

猫咪的平均寿命只有短短十几年，除去工作和睡觉，每日可相处的时间只有数小时，如有幸成为猫奴，别忘记你是主子的唯一，请珍惜和它相处的日子。

空间

　　猫咪体型不大，需要的活动空间也不必很大，但要足以让它跑动，或用层架向上延伸，令行动空间更立体。另外也要安装窗网，以保证安全。

金钱

　　主子除了基本饮食等生活开支外，高昂的医疗费用亦不可小看，所以最好养成储蓄习惯，每月定额储备，以备不时之需。

主子入住前须知

食具

食物、水及食具是主子生活的必需品，除了水外，无论干猫粮还是罐头，都应先准备主子习惯吃的种类，让它慢慢适应，再逐渐加入其他品牌的产品。

猫砂盆

要保持清洁，必须有一个干净整洁的猫砂盆让主子解决生理问题，盆内要有足够的猫砂，每日定时清理，令主子享受到生理需要被满足的快意。

猫笼

猫咪到陌生的地方后情绪容易受影响，为安全起见，应该先让它住进猫笼，用布隔挡，减少周边环境的影响，待适应后再让它到外边探险。

添加新成员前须知

气味

　　猫咪常以气味作标记，认识人和物。主子之间初遇前，以身边物品作交换，好让主子先认识双方的气味。

隔离

　　新主子驾到，请先让它住在猫笼，避免让它与现任主子直接接触，免得因地盘而起争执。

耐心

　　让主子接触需循序渐进，不能心急，多观察以笼相隔时主子间的相处情况，陪现任主子一起接近新主子，当双方情绪没太大起伏时，再进一步让它们在笼外见面。

Chapter

3

静好的时光

认可

檬檬、茶茶来到我家一年后，一个重要的人物出现了，檬茶兄妹究竟会对她有什么反应呢？只见她一踏进家门，平时胆小怕事、发现陌生人会立即躲藏的檬茶兄妹，居然一反常态，没有半点害怕的意思，还愿意主动靠近，很快便与她熟络起来，这就像是一种认同。没多久，她就成了猫妈，也代表又多一个人宠爱檬檬、茶茶了。这个家便由三个成员变成四个，我也和檬檬、茶茶一起进入人生（与猫生）的另一阶段。

与檬檬、茶茶一起走进人生另一阶段，也令彼此的经历更值得回忆。

头饰

自从婚后与猫妈同住，茶茶仿佛多了个寻宝乐园，皆因床边的小柜内放满了不同种类的小饰物，五彩缤纷，闪烁耀眼。是否女孩子都会被精巧的东西吸引呢？而茶茶最喜欢的，便是猫妈用来扎马尾的橡筋圈发饰。它常常趁着猫妈打扮、护肤时，悄悄溜进房内，打开小柜，把心爱的小饰物一一掏出，无声无息地偷运走，把它们作为收藏品。究竟它把这些小饰物藏在哪里呢？我常常觉得，茶茶在家中应该有个秘密基地，把心爱的战利品藏在那里。

茶茶的藏宝地究竟在哪里呢？

亲亲

猫妈经常会问我，檬檬、茶茶和她之间我爱谁较多。这个问题，相较"妈妈与太太掉下水会先救谁"要简单。我每次都会掩着檬茶兄妹的耳朵说"猫妈"，然后转身又飞扑过去揽着檬檬和茶茶。可爱又大方的猫妈当然知道我最疼爱它俩，因为每当亲完她一下，我都会再亲檬檬、茶茶好多好多好多下！所以我有多爱檬茶兄妹实在不用多疑，或许有时猫妈会感到被冷落，但檬檬、茶茶总会补上这个缺口。

一家人的爱，可能就是互补不足。

同睡

与猫共处十多年，每晚令我期待的，就是看见檬檬、茶茶走入卧室陪睡的时刻。檬檬喜欢睡在床尾，把头枕在我腿上。因它警觉性高，时刻都要留意四周环境，以便稍有异动就可以起身观察，所以很少躲在被窝之中。而茶茶则较黏人，有时以我的手臂作枕头，有时干脆钻进被窝，睡在我双腿间取暖。和它们两个一起睡会有种幸福满满的感觉，冬天更是可以互相取暖。即使睡觉的地盘被瓜分，我也无怨无悔，反而更享受这种时刻。

檬茶兄妹愿意同睡，代表它们视我为重要的存在。

披肩

茶茶还小的时候，体型纤细、轻巧，手感犹如棉花糖般细软。它偶尔会像登山一样从我怀中往上爬，一直爬至脖子，然后施施然坐在我的肩膀上，等我带它以一个不同的角度去冒险。时光飞逝，茶茶已再不能坐在我的肩膀，反而是不时在台子上等我路过，趁机飞扑到我背上。茶茶由于体型变大了，要待在我颈上便得横跨双肩，如同披肩。我为避免它跌伤，有时只好驼着背，"运送"它到想去的地方。如遇着冬天寒冷的日子，"茶茶牌披肩"亦可算是保暖佳品。

以茶茶作为披肩，沉重但温暖。

抱抱

我只要看到檬檬便想亲近它，抱着它。檬檬是一只强壮的猫咪，体型比茶茶大，最胖的时候超过六千克，抱起来非常柔软。我最喜欢把它紧紧地抱在怀里，面贴面，直至见到它眯起双眼，听到它发出"咕噜咕噜"的声音。那代表檬檬感到舒服和享受，我也会觉得很满足，有完成任务的成就感。但可能因为檬檬也是雄性，对于这种同性之间的亲密，也有不习惯的时候，因此它偶尔也会想挣脱怀抱的拘束。（顺带一提，当猫咪感到紧张，也有可能发出"咕噜咕噜"声，所以猫奴们记得留意主子的情绪啊！）

别小看这"咕噜咕噜"声，它绝对能治愈你的不开心。

猛兽

猫科动物天生拥有极强的捕猎本能，只要认定了猎物便不会放过。即使是被驯养在家，主子们也能保持这种天性。继我的手后，檬檬把我的脚也当作捕猎对象。它先是偷偷躲起来，待我经过的时候，突然扑出来抱着我的脚，继而迅速离去。它也会在我抚摸它时，突然抱住我的手啃咬。不过檬檬是懂事的孩子，一般不会酿成"血案"。习惯之后，我就连痛的感觉也不以为意，只是，突袭造成的抓痕和牙印总要隔一两天才能消退。

这些伤痕，在我眼中，都是爱的印记。

草棒

猫与芒草总是让人觉得有所联系，这是因为芒草轻，容易随风飘动，挑动猫的神经，使它们追逐。前文提过的《猫怪麦克》里，主人也经常会用芒草棒和麦克玩耍。时至今日，芒草已演变成各式各样的逗猫棒。我当然也搜罗了不同类型的逗猫棒作为玩具，逗檬茶兄妹玩，让它们跟着左摇右摆，这时我仿佛成了指挥家，与它们合奏。我也终于能体会到当年动漫中主角的感受了。

以往做猫迷时从动漫学到的伎俩，今天终于派上用场了。

足球

我的性格比较内向，经常独来独往，很少参与群体运动，如足球。但檬檬和茶茶却弥补了这个群体运动的缺口，让我有机会投入足球世界之中，那就是和我一起玩"纸足球"。纸是非常好的材料，可以制成平价又多样化的玩具供猫咪玩耍。我会用纸做成体积大一点的纸球充当足球，再踢到檬檬身边。檬檬的动作非常敏捷，每次看见我传来的球，都可以迅速接应，奔跑时前足左扒右拨，带着纸球前奔后跑，好比足球小将。茶茶也不甘示弱，每次我踢出纸球，茶茶都会迅速挡下，是出色的守门员。

有人猫混合的足球赛吗？我们三个可以组队出战！

排球

除了足球，檬茶兄妹也和我进行另一项群体运动，那就是排球。之前提过檬檬、茶茶喜欢争夺电视机柜顶的位置，它们除了在那里监视我是否偷懒，还喜欢在那里与我玩纸球。我把纸球向上抛，待纸球升上最高点时，两猫就会扣杀，差不多百发百中。

有时我会被扣杀下来的纸球击中，尤其是檬檬的扣杀，它那大爪子的力量可不能小看。猫咪果然拥有令人惊叹的动态视力，身体的协调能力更是出众，不愧是捕猎高手。

谁说只有狗狗才可以玩抛接球呢？

洗澡

檬檬、茶茶每年入秋前都会洗一次澡。由最初的浴室大战，到现在的和平相处，差不多花了七八年。打湿毛发、加沐浴液、冲水，这些都不困难，最难的是吹干。湿气很容易令猫咪患皮肤病，所以入浴后一定要帮主子尽快恢复干爽。刚开始时，我是先把檬茶兄妹放进笼，再在客厅中用吹风机吹干。后来，我便直接带吹风机在浴室内吹，并事前为每位主子准备三条大毛巾和梳齿较密的梳子。毛巾分别作擦水、干身、包裹之用；用吹风机的同时梳起主子的毛，能令水分更易蒸发，以便更快吹干。

洗澡后主子会特别"好摸"，但千万别贪图这手感就频繁为主子洗澡啊！

健康

照顾檬茶兄妹，有些事是每日都必须要做的，例如铲屎。要养成早晚各清理一次的习惯，多留意便便的状态可以了解它们的身体状况；每到春夏季节，檬檬会换下大量的毛，勤梳毛能避免主子因清洁身体而吞下过多毛发从而影响胃肠功能；修甲除了可降低我与主子玩闹时受伤的风险，也可避免主子因趾甲过厚过长而出现倒插入趾的意外。檬檬有次爬上高处时，就因趾甲过长而发生断裂，导致跌落受伤。而茶茶每到春夏，眼泪分泌会变多，很容易形成眼垢，我会用温水浸湿眼垢，再用干布除去，保持茶茶脸蛋的干净和可爱。要两位主子健康生活，当中还有很多学问啊！

**猫咪的护理事项还有很多，只要出于爱，
就不会觉得这是苦差了。**

按摩

　　檬檬和茶茶偶尔会身体不舒服，我查阅了不同的书籍，从中学习到不少关于穴位和按摩手法的知识。原来按摩不同的穴位，可以治疗不同的小毛病。我经常为檬茶兄妹按摩，经过不断实践，我发觉不少方法都很有效。檬檬最喜欢腹部按摩，而茶茶尤其喜欢淋巴按摩，时不时嚷着要来上一次。为了让它们每天都过得舒服，我练得了一身好手艺，就算是流浪猫也能驯服。

要得到主子的信任，才能成为它们专属的按摩师！

零食

现代家猫的饮食，早已不像其先辈那般单调。除了干猫粮与罐头，相信不少主子都有特别喜欢的零食，檬檬和茶茶也不例外。自从它们吃过一次鱼肉条后，便对此念念不忘。从此我每天下班回家，都能看到檬茶兄妹在门前等候，一见面便围着我喵个不停，为的就是要吃鱼肉条，只有吃到嘴方才罢休，那样子就好像我必须交"保护费"一样。因此我会大量购入这种鱼肉条作为檬檬和茶茶的小零食。

猫零食的发明，让主子的饮食丰富多彩。

伴食

檬檬和茶茶即使一起长大，性格也大相径庭。檬檬的性格比较内向，不介意独处，十分独立，在茶茶刚到家里时，还装出一副大哥哥的样子；而茶茶则较为淘气，喜欢与人相处，是个比较黏人的妹妹。茶茶的黏人程度，有时表现在甚至会喵喵叫，非得把人引至它的猫粮碗前，有人陪伴才肯吃东西。作为猫奴，我当然会乐此不疲地侍奉左右。以前只听过动物会"护食"（为保护自己的食物做出凶恶的举动），谁知还会有"伴食"的习性。

能够成为主子的伴食猫奴，也是一种幸福。

偷食

贪吃的檬檬为了喜欢的食物，偶尔会做出一些傻傻的行为。记得还是小猫的它，有一次为了吃最爱的鱼肉条，在我打开冰箱取东西时，竟趁乱迅速偷偷溜进冰箱。我东寻西找都不见它的踪影，幸好很快就听到微弱的猫叫声从冰箱内传出，这才连忙把冰箱门打开，让檬檬跳出来。所幸檬檬还没冻成"猫棍"，不过也弄得我胆战心惊。檬檬为了吃可以无所不用其极，因此一度出现超重的情况。

个大又勇敢的檬檬，常会发生有惊无险的小·意外。

罐头

很多人都说猫咪最爱吃的就是罐头。但凡事总有例外，檬檬和茶茶平时的主食是干猫粮，副食为湿猫粮，檬檬喜爱吃鱼肉条或白灼鸡柳，只有茶茶才喜欢吃罐头。市售的罐头五花八门，它只钟情于肉质细腻的金枪鱼罐头。这种罐头口感柔软容易吞咽，而且开罐时香气四溢。每次听到开罐声，它都会精神抖擞，飞奔到厨房外等候，其间更会喵声不断来催促，直至罐头奉上才会罢休。作为干猫粮爱好者的檬檬，却总会对罐头摆出一副不以为意的模样。

为猫咪研制的干猫粮和罐头越来越多，不用担心主子挑食了。

对望

我偶尔喜欢打坐着思考一些事情，有时还会请檬檬和茶茶帮忙收敛心神。记得宫崎骏的动画《侧耳倾听》中，女主角就是被猫雕塑"男爵"的一双宝石眼睛吸引，可见猫的双眼确实充满"神秘能量"。我也会盯着它们的大眼睛细看，宝石般的虹膜，加上黑色的瞳孔，仿佛蕴藏着一个小宇宙。每当与它们对望，透过清澈透亮的眼睛便能看到自己，由此便很容易令自己平静下来。

幸好猫不懂催眠，要不全人类都可能在对望中成为猫的奴隶。

磨爪

在野外生活的猫咪，为了生存，大都是出色的猎人，因此手中的"利刃"需要经常保养、打磨。它们每隔一段时间便会用树木等天然的东西作为砥石来磨爪，保证利爪的长度适宜，不致因过长而误伤自己。家养的猫咪，虽然已经不再需要猎食，但亦要为爪爪做日常保养。没有树木，就换成麻绳柱，或者瓦楞纸制成的抓板。这些东西质感独特，有足够的抗磨性，家猫很乐意将它们作为磨爪工具。不过偶尔我的后背也会成为它们的磨爪工具之一。

忘了说，很多猫奴的沙发也无奈地成了猫抓板呢！

说话

　　每位猫奴应该都有和主子沟通的专属方法吧？声音可能是最基本的媒介——不是猫奴对主子说话，而是主子"喵喵"的叫声。主子发出指令、提出要求、感到不满的时候都会发出叫声，这几种情况也最常见，而檬檬还多出一种，那就是问候。不知从何时开始，每次外出前向它道别时，它会立即用叫声回应。随着经验的累积，慢慢连回家、早安、晚安，它都会回应我，不知不觉便养成了习惯。

各位猫奴可以通过叫声分辨主子的心情吗？

缠身

抱猫是猫奴的福利，因为猫咪只会让信任的人抱抱，但这也取决于猫咪本身是否喜欢身体接触。我特别喜欢抱着檬檬，因为檬檬体型大，肉厚而且结实，抱着它有种温暖又踏实的感觉。可惜檬檬不喜欢身体接触，往往抱一会儿便会"手推脚蹬"，要求离开，我唯有将目标转移到茶茶身上。茶茶则喜欢身体接触，所以很多时候，檬檬都只会坐在我身旁，而茶茶则会睡在我的大腿上，这便是我最享受的时刻。

即使不能常常抱抱，找到与主子亲近的方式也很美好。

猫奴心得
主子的饮食建议

　　檬茶兄妹的喂养以干猫粮为主，湿猫粮为辅，这主要取决于檬檬、茶茶的喜好。不论干猫粮还是湿猫粮，都各有其优点。

干猫粮

　　可以每顿加粮，也可以一次性多加些。干猫粮体积较小，可吞食，残渣不易藏于牙缝，对牙齿较好。不同的配方有不同的功能。干猫粮欠缺水分，需要留意主子的喝水量。

湿猫粮

　　主要是罐装猫粮，水分较多，对尿道及肾脏较好，有不同种类可选择，如肉块、肉泥、肉汤，可满足主子不同的喜好。但由于残渣较易藏于牙缝，所以要经常给主子清洁牙齿。

如何让主子喝水

水对猫咪来说是不可或缺的，养成良好的喝水习惯很重要，以下是几条建议：

用有过滤功能的自动饮水机；

在多处位置摆放水具；

记录每日水位，了解主子的喝水量。

食具注意事项

猫咪进食时往往会在器具内留下口水，容易滋生细菌，为了令主子吃得开心、健康，应：

选择玻璃或陶瓷的器皿，以方便清洁和加热消毒；

选择合适高度的食台，减少猫咪的关节负担，以猫咪前肢高度为准。

Chapter

4

再见，檬檬

年纪

转眼间我与檬檬、茶茶已相处十六个寒暑，先有两个月大的檬檬，后来又有相差半岁的茶茶。每日回家见到它们，和它们一同坐，一同吃，一同睡，这本身已带给我无限欢乐。出门旅行时会依依不舍，在外又担心它们粮、水不足，猫砂盆不够整洁，它们的生命已和我紧紧相连。所幸它俩多年没怎么生病，加上婚后猫妈又要争宠（是争两位主子的宠，不是我的），获得檬檬和茶茶的欢心，所以檬茶兄妹一直都过着被宠爱的日子。日复一日，年复一年，时间慢慢流逝，它们睡觉的时间变长了，但也算身体健康，只是吃饭、玩耍、睡觉的时间比重有所改变。

与主子的感情，随年月的增加，已由单纯的喜欢，变成了将其视作家人的依恋。

不安

我平常在家中通过檬檬、茶茶颈带上的小铃铛，用声音确认它们的位置和行为。有一天看书时，我发觉檬檬颈带的小铃铛响声节奏有别于以往。不一会儿，一向身手敏捷的檬檬从我面前一瘸一拐地经过，步履维艰，左前足好像不敢接触地面。我想可能是昨天它从我怀里跳下来时不慎拉伤，于是便尝试为它按摩作纾缓，看看会不会改善。

年纪渐长的主子，需要更多的照顾。

退化

见檬檬前足问题过了数天仍未改善，我和猫妈便带檬檬到宠物医院做检查。兽医反复检查，初步认为这是退行性关节问题，建议檬檬吃点营养品，看看会不会改善。由于十多年间檬檬、茶茶都没有出现过因病吃药的情况，因此喂药成了新的挑战。希望那些营养品对檬檬会有所帮助吧。

相比自己生病，我更担心主子生病。

异常

又过了一周，檬檬的前足问题仍未改善，肩的位置还隐约肿了起来。虽然每天吃营养品，但以往好动活泼的檬檬，活跃时间开始逐渐减少，亦没有以往那么精神，常常独自在一角呆坐。看到营养品对檬檬没有太大帮助，我便再带它到医院就诊，兽医做了更详细的检查，结果发现肩部有异常增生，如果是癌细胞，就可能要截肢……为了安全起见，兽医建议我带檬檬到专科医院看看。

主子对自己的毛病毫无认知，它们只能倚靠猫奴的照顾。

肿瘤

我们很快带檬檬到专科医院就诊。起初我们只是担心它截肢，而专科兽医看过之前的报告，也认为有截肢的可能。但檬檬的情况似乎更为复杂，兽医提出为檬檬重新做详细检查，我和猫妈只能在外等候。

数小时后，我们被兽医告知檬檬确有癌细胞于肩骨增生，除此之外亦发现癌细胞有侵入肺部的迹象，扩散速度也具有恶性肿瘤的特征。以檬檬十六岁的高龄，或许只能支撑很短的时间。兽医说已无能为力，只建议先以药物减轻其痛苦，多陪陪它，好好珍惜余下日子。我强忍着眼泪，按捺着情绪，听从兽医建议等待檬檬麻醉恢复后吃过东西才回家⋯⋯

在宠物医院的几小时，恍如过了数年。

取舍

当晚，我在家中陪着檬檬，它无精打采，大概是痛楚所致。明明檬檬上个月还在地上玩得前翻后滚，精神抖擞，根本毫无生病迹象，为何会有此结果？我前思后想都不愿接受，但也只能待在它身边，陪伴它，轻抚它，查阅有关书籍，看看如何能为它减轻痛楚。

就在检查次日，我就职的公司因财务问题需要削减人员。这真是天赐良机，我暂时放弃工作，全心全意与檬檬共度余下的日子，尽全力照顾它，爱它。

能有机会把握与檬檬相处的时光，也是我与檬檬最后的幸福。

陪伴

我终于正式放下工作，全心照顾檬檬了。我一早便会待在檬檬身旁陪它，摸它，为它按摩，对它倾诉心事，观察它的状况，还要为照顾患癌猫咪搜集资料。除此之外，我们还要面对喂药的问题。由于欠缺经验，喂药成为每日最大挑战。之前服用的营养品换成止痛药、胃药和抗生素，食物亦要换成处方罐头。以往檬檬已不太喜欢罐头，只是偶尔食用，虽然处方罐头有较高营养，但面对食欲已不再如前的檬檬，我们也不敢强迫它进食。抗生素要饭后才能服用，为了让檬檬多吃点，我们先从它喜爱的食物入手，可惜连曾经它最喜欢的鱼肉条也失去了吸引力。于是我们四处寻找檬檬感兴趣的食物，最后发现它喜欢鲣鱼酱。

我们尝试先喂处方罐头，再以鲣鱼酱作奖励，可惜它只对鲣鱼酱有兴趣，但总算开始主动进食。喂药又是另一个问题。檬檬很固执，吞下的药也会设法把它吐出，连辛苦吃下的食物也一同吐出，整个过程要重复好几遍才能成功……檬檬加油。

能够全力照顾檬檬，即使放下工作也十分值得。

倒下

经过漫长的一周，檬檬慢慢连喜爱的食物也开始抗拒，鲣鱼酱也要以针筒喂食。此刻的它闭口不吞，吞下的食物也会吐出来，这使得喂食和喂药的难度再次提高。其实我也明白身体的转变会令檬檬抗拒、情绪低落，导致食欲大减。但胃药、止痛药、抗生素等药物，都得饱腹后服用，这该如何是好？兽医说只能尽力而为，但我越努力，檬檬越抗拒，顺其自然，又感觉如同放弃……看着檬檬一天天消瘦、虚弱，每行数步便会倒下，我不禁想：难道唯一能做的只有伴着它，让它安睡吗？

顺其自然还是继续努力，让我在檬檬的最后阶段中颇为挣扎。

离别

经过多日，檬檬的情况反反复复亦未见好转。它开始尝试找地方躲起来，如沙发底、床角、门后或浴缸，这样更令我担心。我曾在书中看过，猫咪会寻找地方隐藏自己，不愿别人看到它离开，这些情形不禁令我胡思乱想。再过数天便是我和檬檬的生日，我还盼望着和它好好庆祝。次日下午，趁着檬檬、茶茶在床上安睡时，我为将来能在家工作，多点时间陪伴它们而处理一些事物，但回到檬檬身边时……最不愿看到的事情发生了——它突然出现气喘，同时失禁。我随即把它抱至猫砂盆，再用毛巾包住它抱于怀中。它的身体不断抽搐，与它对望时，它虚弱的眼神仿佛知道自己要离开了，在对我说再见。我立即致电猫妈，双眼通红的我抱着檬檬对她说："檬檬要走了！"猫妈随即赶回来看檬檬，我的爸爸妈妈也在旁边安抚着檬檬，茶茶只远远看着。我看着檬檬的双眼，脑海里不断涌起昔日的回忆。最后一刻的它，瞳孔不受控地放大，伴随着身体抽搐。世界像静止了一样。我紧紧抱着它，却再感觉不到它的咕噜声、心跳声，耳边只余下低泣声。在它离开前，我们面贴面相拥，我亲了亲它的小嘴。待我冷静下来后，就致电兽医，带檬檬去做检查确认……

2020 年 4 月 15 日，真的再见了，檬檬……

失落

宠物医院为我安排了位置安置檬檬，并提供了善终服务，可惜猫妈未来得及见檬檬最后一面。坚强的猫妈原本也想强忍着眼泪，可惜眼泪还是夺眶而出。亲吻过檬檬，与它说再见后，她便来安抚我的情绪。善终公司安排了专车接走檬檬，将一件有我的气味的卫衣一同带去。我们与檬檬说再见后，便目送善终车离开，然后回家照顾茶茶。

茶茶相对冷静，相信它已知檬檬离我们而去，以往的日子已成过眼云烟。而我在家中看见每一处角落，都能忆起檬檬的身影，整晚情绪都未能平复，脑袋一放空，眼泪便流个不停，连续好几天难以安眠……

檬檬虽然不在了，我却不断回想起它的身影。

内疚

相信每个曾经失去主子的猫奴都经历过一段黑暗的日子，其间会不断检讨主子离开前给予它的照顾有没有不足，有没有任何过失，为何有此结果，不断自责、内疚，把所有责任归咎于自己没做到最好，深陷这旋涡之中，自怨自艾，整个人提不起劲。幸好于搜寻有关猫癌症的资料期间，我加入了不少网络群组，当中有来自各地的猫奴。看到其他猫奴也面对此问题，用不同方法疗伤，我的内心释怀了不少，但最佳良药始终都是时间。

只要曾经尽了力照顾生病的主子，无论结果如何，都不要过分自责。

回忆

自从檬檬离开后，以往生活中常常出现的画面都不复存在，比如我的工作间被占用，每次回家时等待的身影……无数累积多年的生活习惯顿然失去，只能靠翻看相机和手机中的记录去回忆。我在社交平台亦上传了不少生活片段，这也会令我想起檬檬。手机内的相册满是檬檬昔日的生活照及视频，都是满满的回忆……每逢独处时翻看，我都会触目伤心。

仍能在手机、相机与社交平台中找到檬檬的身影，也是我仅有的小·幸福。

后事

4月25日是善终公司安排给檬檬火葬的日子，当日那里准备了房间让我们与檬檬道别。我们带来了檬檬喜欢的食物、鲜花。工作人员徐徐把檬檬带进来，再次看见它，我心知这是最后一次与它身体接触的机会。我轻轻托起它的小爪子，眼泪再次夺眶而出。我们在檬檬身旁放上白花，家人逐一向它道别，我们陪伴檬檬直至最后一刻。时间一分一秒流逝，檬檬火化的时候到了。工作人员带着我们和檬檬来到火化间，点清物品，安放好檬檬，便指示我按下点燃的按钮。我再次向檬檬道别后，便徐徐按下按钮，在外面等待取回檬檬的骨灰……

善终的意义或许不在于仪式本身，而是把握最后的机会，跟檬檬好好道别。

回家

檬檬火化后，我希望它能留在我身边，因此决定把檬檬的骨灰安放在家中。在回家的路上，我一直轻抚着存放檬檬的小器皿，直至回到家里，才松了一口气。我把檬檬放在一个自己每日必会看到的位置，又在旁边加了装饰，包括把它生前的照片，又把它喜欢的玩具放在旁边。最后，我将檬檬用过的颈圈放在骨灰罐上，而我也养成了每天早晚向它问好的习惯。

欢迎你回来，檬檬。

猫奴心得
如何为主子善终

　　善终问题，很多时候都会被猫奴刻意忽略（或不想主动面对），直到出现突如其来的意外，或是主子患病、老迈，才会临时查询。假若主子真的需要善终，一般流程都是先寻找相熟的兽医，确认主子是否去世，再预约善终公司，由他们接收主子的遗体，并为它整理梳洗，然后等待送别的日子。火化的话，有集体处理和个别处理，因为要保留骨灰，采用个别处理的情况较多。近年亦新增了水化服务，通过控制水的温度及酸碱度，加速遗体的分解，完成后选择喜欢的骨灰罐盛放骨殖。最后一步是决定安放方法，有使用善终公司的龛位、撒骨灰或带回家中等处理方式。事前尽量多收集点资料，参考猫友的经验和意见，选择最合适的善终服务。

安乐死

关于安乐死，究竟要如何抉择？在经历檬檬的离开前，我从未将安乐死列入考虑范围，但亲眼目睹檬檬临终前在自己怀中痛苦的样子，那种万箭穿心的痛，如同被石雕师一锤一锤刻入脑中。那种冲击是永远的，每次回忆起来我都忍不住泪水。但这并不是抉择的理由，这种痛是作为猫奴必须要面对的。我考虑的是主子离开的一刻我在哪里。我任性地放弃工作，长时间在家才能目送檬檬离开。如还有工作在身，檬檬是不是会独自痛苦地离开？我反复思量，认为假如要选择安乐死，需要考虑两个前提：

1. 猫咪的身体状况及求生意欲；

2. 可否陪伴它，别让它孤独地面对痛苦。

安乐死对猫奴而言可能只是多了一个不能改变的选择。但对主子来说，这样可以让所有家人陪它走过最后的时刻，不让它在寂寞、孤单、痛苦中离去。

痛失主子后的情绪处理

生命总有尽头，可直面生死谈何容易。一同生活十六年的檬檬离开已一年，最初的日子绝不好受，我每天反思自己有没有照顾不周令它生病，喂药时令它难受，过分担忧令它感到压力……我不断自责，空想一些原因怪罪自己，把自己推进旋涡中。幸好得一些有同样经历的猫友开解。事情已成定局，还有茶茶需要照顾，我不能再被旋涡所吞噬，必须找回积极的自己。我先从自己的兴趣开始寻回快乐的根源，再以开朗乐观的心境面对茶茶。虽然偶尔看到檬檬的照片或与檬檬相似的猫咪都会心痛，但总会撑过去的……时间是最好良药，不是要忘记，而是学会面对，修正自己，别让主子与你一起的日子白过，别忘记那些开心、美好的回忆，缘分到了，我们也许会以其他方式重逢。

愿困扰中的猫友们加油！

爱的延续

　　一些猫友因痛失主子，往往因不忍再经历那种痛而放弃再成为猫奴。感情越深，痛越深，这是人之常情。但我还有茶茶，不容有此消极的心态。这两年来，我每天探访住处附近的流浪猫，发现和檬檬的相处教会我不少与猫相处的方法，令我很易得到流浪猫的信任。猫友与主子生活十多年后获得的经验，可能正是主子与我们相遇的使命。它们教导我们如何爱猫、照顾猫、了解猫，如何和猫融洽相处，而每位新主子都能让猫奴成长，引领猫奴了解猫奴之道。有幸被选中的你，请不要放弃，加油。

图书在版编目 (CIP) 数据

猫奴生活日常：从初见到告别的纪念册 / 猫奴著绘
. -- 天津：天津科学技术出版社，2024.5
ISBN 978-7-5742-2006-5

Ⅰ.①猫… Ⅱ.①猫… Ⅲ.①猫 – 驯养 Ⅳ.
① S829.3

中国国家版本馆 CIP 数据核字 (2024) 第 079256 号

猫奴生活日常：从初见到告别的纪念册
MAONU SHENGHUO RICHANG：CONG CHUJIAN DAO GAOBIE DE JINIANCE

责任编辑：冀云燕

责任印制：兰　毅

出　　版：天津出版传媒集团
天津科学技术出版社

地　　址：天津市西康路 35 号

邮　　编：300051

电　　话：(022) 23332400（编辑部）

网　　址：www.tjkjcbs.com.cn

发　　行：新华书店经销

印　　刷：运河（唐山）印务有限公司

开本 880×1230　1/32　印张 5　字数 50 000
2024 年 5 月第 1 版第 1 次印刷
定价：49.80 元